Regeln für die Bewertung und Prüfung von Transformatoren

(R.E.T. 1923)

Sonderabdruck aus

Vorschriften und Normen des VDE

11. Auflage

Springer-Verlag Berlin Heidelberg GmbH

1923

ISBN 978-3-662-33472-0 ISBN 978-3-662-33870-4 (eBook)
DOI 10.1007/978-3-662-33870-4

Regeln für die Bewertung und Prüfung von Transformatoren. RET/1923*).

Einteilung.

I.
Gültigkeit.

§ 1. Geltungstermin.

Diese Regeln gelten für die Transformatoren, deren Herstellung nach dem 1. Januar 1923 begonnen wird.

§ 2.

Diese Regeln gelten allgemein. Abweichungen hiervon sind ausdrücklich zu vereinbaren. Die Vorschriften über die Schilder müssen jedoch immer erfüllt sein.

*) Angenommen auf der Jahresversammlung 1922. Veröffentlicht ETZ 1922 S. 666 u. 1443.

§ 3. Geltungsbereich.

Diese Regeln gelten für folgende Arten von Transformatoren, ausgenommen nicht ortsfeste Bahntransformatoren:

I. Transformatoren mit getrennten Primär- und Sekundärwicklungen (T), deren Wicklungen parallel zu den entsprechenden Netzen liegen, ausgenommen Prüftransformatoren, Spannungswandler, Klingel- und ähnliche Kleintransformatoren.

II. Spartransformatoren (SpT), mit gegeneinander festliegenden Wicklungen, bei denen beide Wicklungen in Reihe geschaltet sind, ausgenommen Anlaßtransformatoren.

Spartransformatoren werden angewendet, wenn eine gegebene Netzspannung erhöht oder erniedrigt werden soll und Primär- und Sekundärspannung nur geringe Unterschiede besitzen. In Hochspannungsstromkreisen soll in der Regel der Unterschied nicht mehr als 25 % betragen.

III. Zusatztransformatoren mit gegeneinander festliegenden Wicklungen (ZT), deren Wicklungen nicht leitend verbunden sind und deren Sekundärwicklung zur Spannungserhöhung oder -erniedrigung eines Stromkreises dient.

Die Zusatztransformatoren können eine oder mehrere Stufen in der Zusatzwicklung besitzen. Die Umschaltung von einer Stufe auf die nächste kann entweder in spannungslosem Zustande vorgenommen werden oder auch bei Verwendung entsprechend durchgebildeter Regelschalter unter Spannung.

IV. Stromtransformatoren (ST), mit getrennten Primär- und Sekundärwicklungen, deren Primärwicklung in Reihe mit einem Netze liegt, ausgenommen Stromwandler.

Stromtransformatoren dienen zum Anschluß von Reglern, z. B. Schlupfreglern, die eine Leistung aufnehmen, die mit dem gewöhnlichen Meßwandlern nicht mehr aufgebracht werden kann. Die Primärwicklung liegt in Reihe mit einem Netz, das irgendeine beliebige Netzspannung haben kann und z. B. einen Motor speist. An die Sekundärwicklung ist der Regelapparat angeschlossen.

V. Drosselspulen (Dl), ausgenommen sind Drosseln, die Zubehörteile bilden von Anlassern, Meßinstrumenten und anderen Apparaten, ebenso die in Reihe mit der Leitung liegenden Drosseln für Überspannungsschutzgeräte.

Allen Transformatoren (T, SpT, ZT, ST) ist gemeinsam, daß sie ohne mechanische Bewegung elektrische Leistung in elektrische Leistung umwandeln. Alle, mit Ausnahme der Stromtransformatoren, haben ein praktisch unveränderliches Wechselfeld, während der Stromtransformator ein veränderliches Wechselfeld besitzt, das von dem Primärstrom und der in den sekundären Stromkreis eingeschalteten Impedanz abhängig ist.

Über die Regeln zur Bewertung und Prüfung von Drehtransformatoren siehe § 70 u. f.

II.

Begriffserklärungen.

A. Wicklungen.

§ 4.

Nach der Energierichtung werden unterschieden:

I. Primärwicklung, die elektrische Leistung empfangende Wicklung.

II. Sekundärwicklung, die elektrische Leistung abgebende Wicklung.

Ein Transformator kann mehrere Primär- und Sekundärwicklungen besitzen.

§ 5.

Nach der Netzspannung werden unterschieden:

I. Oberspannungswicklung, die mit dem Netz der höheren Spannung verbundene Wicklung.

II. Unterspannungswicklung, die mit dem Netz der niederen Spannung verbundene Wicklung.

Wird bei einem Zusatztransformator für beispielsweise 5000/1000 V die 1000 V-Wicklung in Reihe mit einem Netz von 20 000 V geschaltet, die dazu dient, seine Spannung auf 21 000 V zu erhöhen, so ist in diesem Falle die 1000 V-Wicklung die Oberspannungswicklung, die 5000 V-Wicklung die Unterspannungswicklung.

§ 6.

Anzapfungen sind Anschlüsse an Wicklungen, die die Benutzung einer geringeren Windungszahl als der vollen gestatten (siehe auch § 20).

Bei angezapften Wicklungen heißt der Anschluß für die volle Windungszahl Stufe I, für die nächstniedrige Windungszahl Stufe II usw.

§ 7.

Normalstufe ist eine besonders ausgezeichnete Anzapfung. Sie ist mit der Stufe II identisch, wenn der Prozentsatz der insgesamt abschaltbaren Windungen nicht mehr als 10 % beträgt. Ist der Prozentsatz der insgesamt abschaltbaren Windungen größer als 10 %, so ist die Normalstufe besonders zu vereinbaren.

§ 8.

Schaltgruppen. Nach der Schaltung werden folgende Schaltgruppen unterschieden:

		Vektorbild (Ober- | Unter-spannung)	Schaltbild (Ober- | Unter-spannungen)
I. **Einphasentransformatoren:** Schaltgruppe *A*		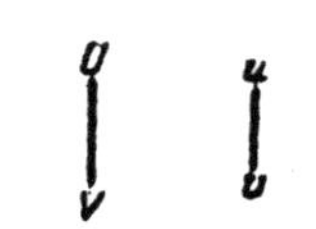	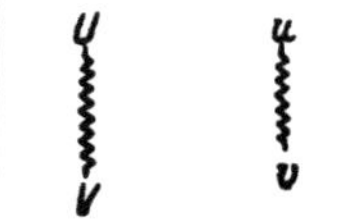
		Die Schaltart ist so, daß der Wickelsinn, von gleichbezeichneten Klemmen ausgegangen, gleichsinnig ist.	
II. **Dreiphasentransformatoren:** Schaltgruppe *A*	A_1	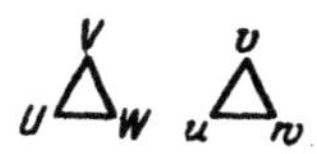	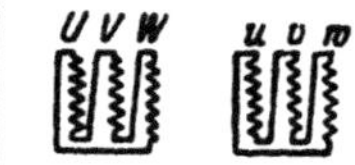
	A_2	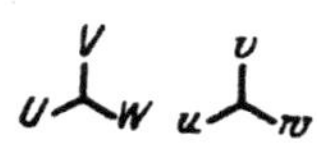	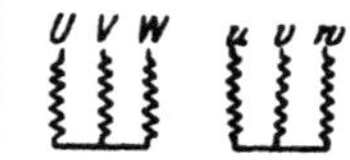
	A_3	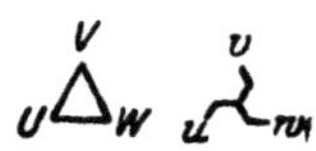	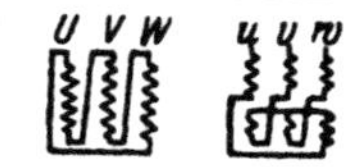
Schaltgruppe *B*	B_1	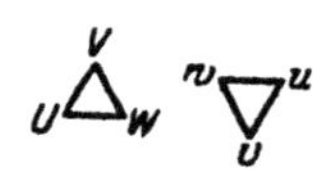	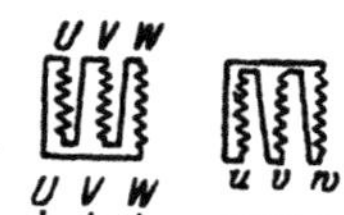
	B_2	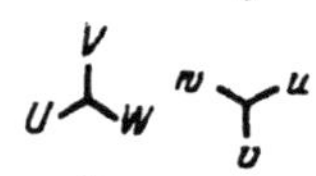	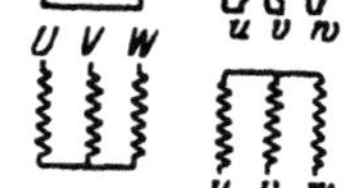
	B_3	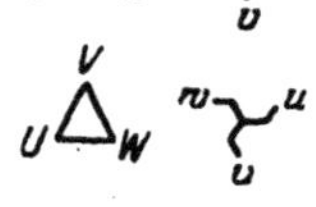	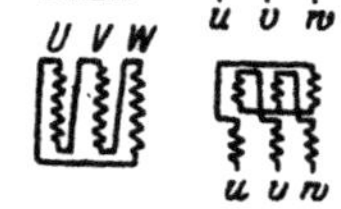
Schaltgruppe *C*	C_1	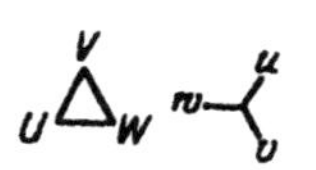	
	C_2	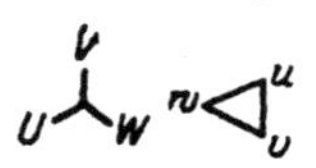	
	C_3	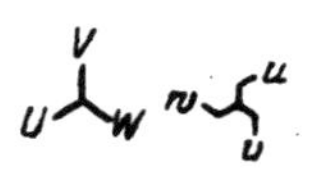	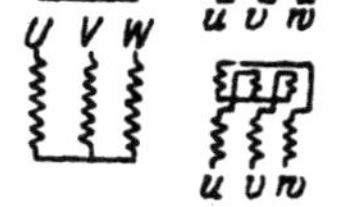

	Vektorbild (Ober- / Unter-spannung)	Schaltbild (Ober- / Unter-spannungen)
Schaltgruppe D — D_1	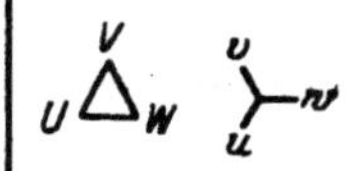	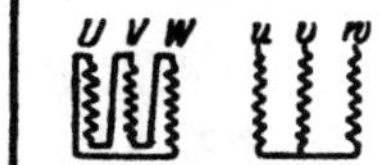
Schaltgruppe D — D_2	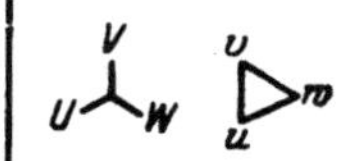	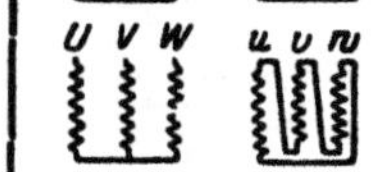
Schaltgruppe D — D_3	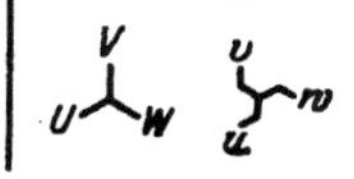	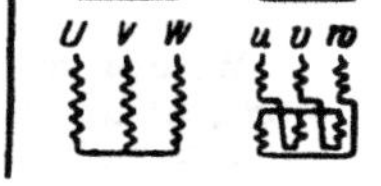

Die Schaltgruppe bei Dreiphasentransformatoren wird nach dem Verwendungszwecke gewählt. Wenn keine besonderen Gründe vorliegen, wird gewöhnlich Stern-Stern-Schaltung vorgesehen. Diese Schaltung eignet sich jedoch nur für Betriebe, in denen der sekundäre Nullpunkt überhaupt nicht oder nur zu Erkundungszwecken benutzt wird. Bei Kerntransformatoren ist außerdem noch eine Belastung des Nullpunktes von höchstens 10 % des Nennstromes zulässig, bei Manteltransformatoren dagegen nicht. Zur Speisung von Verteilungsnetzen mit viertem (neutralem) Leiter eignet sich diese Schaltung somit meistens nicht; es wird dann vorteilhaft bei kleinen Leistungen Stern-Zickzack — und bei größeren Leistungen Dreieck-Stern-Schaltung vorgesehen. Diese beiden Schaltungen sind in dieser Beziehung gleichwertig. Es sind meist Fragen konstruktiver Natur, die den Hersteller veranlassen, entweder Stern-Zickzack oder Dreieck-Stern zu empfehlen, Dreieck-Stern- oder Stern-Dreieck-Schaltung wird bei großen Transformatoren außerdem oft gewählt, um das Austreten eines magnetischen Flusses aus dem Kern und damit zusätzliche Verluste zu vermeiden.

Vorwiegend werden folgende Schaltgruppen angewendet:

A_2 bei kleinen Verteilungstransformatoren mit sekundär wenig belastbarem Nulleiter,

C_1 bei großen Verteilungstransformatoren mit sekundär voll belastbarem Nulleiter,

C_2 bei Haupttransformatoren großer Kraftwerke und Unterstationen, die nicht zur Verteilung dienen,

C_2 bei kleinen Verteilungstransformatoren mit sekundär voll belastbarem Nulleiter.

Transformatoren, die der gleichen Schaltgruppe angehören, laufen unter sich ohne weiteres bei Verbindung gleichnamiger Klemmen parallel, entsprechende Kurzschlußspannung und gleiches Leerlauf-Übersetzungsverhältnis vorausgesetzt.

Von Transformatoren verschiedener Schaltgruppen können

nur die Gruppen C und D parallel laufen, wenn die Verbindung ihrer Klemmen nach folgendem Schema erfolgt:

Sammelschienen	R	S	T	r	s	t
Anschluß der	Oberspannung			Unterspannung		
Schaltgruppe C_1 C_2 C_3	U	V	W	u	v	w
D_1 D_2 D_3	U	W	V	w	v	u
oder	W	V	U	v	u	w
oder	V	U	W	u	w	v

Werden in Ausnahmefällen andere Kombinationen von Schaltungen der Ober- und Unterspannungswicklungen bei Dreiphasentransformatoren benutzt, so wird als Bezeichnung diejenige Schaltgruppe ohne Zahlenindex gewählt, für die die Bedingung erfüllt ist, daß Parallellauf mit Transformatoren der gleichen Schaltgruppe bei Verbindung gleichnamiger Klemmen möglich ist. Beispielsweise wird die Schaltung

(Oberspannung) 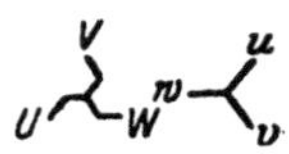

(Unterspannung)

Abb. 1.

als Schaltgruppe C ohne Index bezeichnet.

Es ist notwendig, vor der erstmaligen Parallelschaltung von Transformatoren durch Messung festzustellen, daß zwischen den zu verbindenden Klemmen keine Spannung auftritt.

B. Elektrische Größen.

§ 9.

Nennbetrieb heißt der Betrieb des Transformators mit der Primärspannung, der Frequenz, den Strömen und der Betriebsart, die auf dem Schilde angegeben sind. Die Nenn-Primärspannung ist hierbei die Spannung der Normalstufe und durch Vorsetzen von „Nenn" auf dem Schilde gekennzeichnet.

Der Nennwert der Spannung muß als solcher gekennzeichnet sein, weil bei Transformatoren mit angezapften Wicklungen auch die diesen Anzapfungen entsprechenden Spannungen auf das Schild gestempelt werden. Es ist also aus dem Schilde genau ersichtlich, welche Spannung und damit welche Wicklungstufe für den Nennbetrieb maßgebend ist.

§ 10.

Nennleistung des Transformators ist die auf dem Schilde angegebene scheinbare Leistung (in kVA oder VA).

§ 11.

Übersetzung ist das Verhältnis von Oberspannung zu Unterspannung bei Leerlauf. Sie ist unter Berücksichtigung der Schaltart gleich dem Verhältnis der Windungszahlen.

Das Verhältnis der Spannungen stimmt nur dann mit dem Verhältnis der Windungszahlen genau überein, wenn der durch den Leerlaufstrom bedingte Spannungsabfall vernachlässigbar ist. In den praktisch vorkommenden Fällen trifft dies bei Transformatoren im allgemeinen zu.

§ 12.

Spannung ist bei Dreiphasenstrom immer die verkettete, bei Zweiphasenstrom die Spannung zwischen zwei Leitern einer Phase.

§ 13.

Nenn-Sekundärspannung ist die aus der primären Nennspannung und der Übersetzung berechnete Spannung.

§ 14.

Nennstrom ist der aus der Nennleistung und der Nennspannung berechnete Strom.

§ 15.

Kurzschlußspannung e_k ist die Spannung, die bei kurzgeschlossener Sekundärwicklung an die Primärwicklung angelegt werden muß, damit sie den Nenn-Primärstrom aufnimmt. Die Nenn-Kurzschlußspannung wird aus der bei Schaltung auf Normalstufe gemessenen Kurzschlußspannung berechnet unter der Annahme, daß die Wicklung die gewährleistete Temperatur hat. Sie wird in Prozenten der Nenn-Primärspannung ausgedrückt.

Kurzschlußstrom ist der Primärstrom, der aufgenommen würde, wenn bei kurzgeschlossener Sekundärwicklung die Nennspannung an die Primärwicklung angelegt wird. Er wird als Vielfaches des Nenn-Primärstromes ausgedrückt. Das Verhältnis Kurzschlußstrom : Nenn-Primärstrom ist gleich 100 : Nenn-Kurzschlußspannung.

§ 16.

Spannungsänderung e_φ eines Transformators bei einem anzugebenden Leistungsfaktor ist die Erhöhung der Sekundärspannung, die bei Übergang von Nennbetrieb auf Leerlauf auftritt, wenn Primärspannung und Frequenz ungeändert bleiben.

Die Spannungsänderung wird in Prozenten der Nenn-Sekundärspannung ausgedrückt. Die Spannungsänderung e_φ

wird ermittelt aus der prozentualen Kurzschlußspannung e_k und dem prozentualen Wicklungsverlust e_r.

Die Spannungsänderung e_φ wird nach folgender Formel berechnet:

$$e_\varphi = e'_\varphi + 100 - \sqrt{10000 - e''^2_\varphi}$$

Hierin bedeutet

$$e'_\varphi = e_r \cos\varphi + e_s \sin\varphi$$
$$e''_\varphi = e_r \sin\varphi - e_s \cos\varphi$$

Die Streuspannung ist $e_s = \sqrt{e^2_k - e^2_r}$

Bei Streuspannungen e_s bis etwa 4 % ist die Annäherung $e_\varphi = \int e'_\varphi$ ausreichend.

C. Betriebswarmer Zustand.

§ 17.

Als betriebswarm gilt der Zustand, den der Transformator bei 20 °C Raum- bzw. Kühlmitteltemperatur am Ende des durch seine Betriebsart gekennzeichneten Probelaufes mit Nennleistung hat.

D. Kühlungsarten.

§ 18.

Es werden folgende Kühlungsarten unterschieden:

TS Trockentransformatoren mit Selbstlüftung.

Der Transformator wird durch Strahlung und natürlichen Zug gekühlt.

TF Trockentransformatoren mit Fremdlüftung.

Die Kühlluft wird durch einen Lüfter oder künstlichen Zug bewegt.

TW Trockentransformatoren mit Wasserkühlung.

Einzelne Teile werden durch Wasser gekühlt.

OS Öltransformatoren mit Selbstlüftung.

Der Ölkasten wird durch Strahlung und durch natürlichen Zug gekühlt.

OF Öltransformatoren mit Fremdlüftung.

Der Ölkasten wird mit Luft gekühlt, die durch einen Lüfter oder künstlichen Zug bewegt wird.

OFU Öltransformatoren mit Fremdlüftung und Ölumlauf.

Der Ölkasten wird durch Luft gekühlt, die durch einen Lüfter oder künstlichen Zug bewegt wird. Der Ölumlauf erfolgt zwangsweise.

OWI Öltransformatoren mit innerer Wasserkühlung.

Das Öl wird durch einen Wasserkühler im Innern des Ölkastens gekühlt.

OWA Öltransformatoren mit Ölumlauf und äußerer Wasserkühlung.

Das Öl wird in einem Wasserkühler außerhalb des Ölkastens gekühlt. Der Ölumlauf erfolgt zwangsweise.

OSA Öltransformatoren mit Ölumlauf und äußerer Selbstlüftung.

Das Öl wird in einem Luftkühler außerhalb des Ölkastens gekühlt. Der Ölumlauf erfolgt zwangsweise.

OFA Öltransformatoren mit Ölumlauf und äußerer Fremdlüftung.

Das Öl wird in einem Luftkühler außerhalb des Ölkastens gekühlt. Die Kühlluft wird durch einen Lüfter oder künstlichen Zug bewegt. Der Ölumlauf erfolgt zwangsweise.

Wenn die natürliche Lüftung eines Transformators (TS, OS oder OSA) durch Aufstellung in einem zu engen Raume oder durch einen nachträglich angebrachten Schutzkasten behindert wird, so kann der Transformator dauernd nur eine geringere Leistung oder seine Nennleistung nur kurzzeitig abgeben.

III.
Bestimmungen.

A. Allgemeines.

§ 19.

Als normale Nennleistungen von Transformatoren (T) gelten:

I. Bei Drehstromtransformatoren:

5; 10; 20; 30; 50; 75; 100; 125; 160; 200; 250; 320; 400; 500; 640; 800; 1000; 1250; 1600; 2000; 2500; 3200; 4000; 5000; 6400; 8000; 10000 usw. kVA.

II. Bei Einphasentransformatoren:

1; 2; 3; 5; 7; 10; 13; 20; 35; 50; 70 kVA.

§ 20.

Bei Transformatoren mit Anzapfungen, die nicht besonderen Zwecken dienen, sind drei Stufen normal. Die den Anzapfungen entsprechenden Spannungen sind, wenn der Prozentsatz der insgesamt abschaltbaren Windungen nicht mehr als 10 % beträgt, für die Wicklungsseite anzugeben, auf der die Anzapfungen liegen.

Bei Transformatoren für großen Regelbereich mit Anzapfungen, die so angeordnet sind, daß in der betreffenden Wicklung betriebsmäßig keine höhere als die Nennspannung auftreten kann, können die den Anzapfungen entsprechenden Spannungen für die Wicklungsseite angegeben werden, auf der keine Anzapfungen liegen; sie sind dann einzuklammern.

Hat z. B. ein Transformator das Übersetzungsverhältnis 10000/384-400-416 V und Anzapfungen in der 10000 V-Wicklung, so wird das Schild gestempelt 10400-10000-9600/400 V und der Normalstufe entspricht in diesem Falle 10000/400 V.

Hat ein Ofentransformator für 25000/50-70-100 V die Anzapfungen in der Mitte der 25000 V-Wirkung, so kann das Schild gestempelt werden 25000/(50)-(70)-100 V, falls als Normalstufe 25000/100 V vereinbart ist (siehe § 7).

§ 21.

Alle Prüfungen sind an dem neuen betriebsfertigen Transformator und nach Möglichkeit in den Werkstätten des Herstellers vorzunehmen. Prüfungen am Aufstellungsorte sind besonders zu vereinbaren. Transformatoren für Fremdlüftung sind mit den Vorrichtungen für diese zu prüfen.

Betriebsmäßige Abdeckungen, Ummantelungen, ferner Regendächer und dgl. dürfen bei den Prüfungen nicht geöffnet oder geändert werden.

Die Isolationsprüfung wird am besten in den Werkstätten des Herstellers vorgenommen, weil hier die beste Gewähr für die sachgemäße Durchführung gegeben ist. Bei öfterer Wiederholung ist zu befürchten, daß schließlich die Isolation leidet, besonders wenn am Aufstellungsorte nicht solche Einrichtungen zur Verfügung stehen, daß die Prüfung sachgemäß durchgeführt werden kann. Deshalb soll eine Wiederholung der Isolationsprüfung am Aufstellungsorte nicht ohne weiteres verlangt werden können.

§ 22.

Gewährleistungen beziehen sich auf den Nennbetrieb und die sich aus der Betriebsart ergebenden Überlastungen.

§ 23.

Die folgenden Bestimmungen gelten für den betriebswarmen Zustand.

Wird die Wicklungstemperatur nicht durch Messungen festgestellt, so ist für Umrechnungen die gewährleistete Temperatur einzusetzen.

§ 24.

Die Kurvenform der Primärspannung wird als praktisch sinusförmig vorausgesetzt; siehe R.E.M. § 14.

§ 25.

Mehrphasensysteme werden als praktisch symmetrisch vorausgesetzt; siehe R.E.M. § 15.

§ 26.

Die folgenden Bestimmungen gelten unter der Annahme, daß angezapfte Wicklungen auf Normalstufe geschaltet sind.

Bei Anzapfungen bis einschließlich $\pm$ 5 % der Windungszahl der Normalstufe gelten die Bestimmungen über die Erwärmung für alle Stufen bei gleicher Nennleistung.

§ 27.

Die folgenden Bestimmungen gelten unter der Annahme, daß der Aufstellungsort des Transformators nicht mehr als 1000 m ü. M. liegt.

Soll ein Transformator an einem höher als 1000 m ü. M. gelegenen Orte betrieben werden, so muß dies besonders angegeben werden.

Bei größeren Meereshöhen ändern sich Isolationsfestigkeit und Wärmeabgabe.

B. Betriebsart.

§ 28.

Es sind folgende Betriebsarten zu unterscheiden:

DB Dauerbetrieb, bei dem die Betriebszeit so lang ist, daß die dem Beharrungszustande entsprechende Endtemperatur erreicht wird (siehe § 29).

DKB Dauerbetrieb mit kurzzeitiger Belastung, bei dem die durch Vereinbarung bestimmte Belastungszeit kürzer ist als die zum Erreichen der Beharrungstemperatur erforderliche Zeit.

Die Betriebspause, während der die sekundäre Wicklung abgeschaltet ist, ist lang genug, um die Abkühlung auf die Beharrungstemperatur bei Leerlauf zu ermöglichen (siehe § 30).

DAB Dauerbetrieb mit aussetzender Belastung, bei dem Belastungszeiten von höchstens 5 min mit Leerlaufpausen abwechseln, deren Dauer nicht genügt, um die Abkühlung auf die Beharrungstemperatur bei Leerlauf zu ermöglichen (siehe § 31).

KB Kurzzeitiger Betrieb, bei dem die durch Vereinbarung bestimmte Betriebszeit kürzer als die zum Erreichen der Beharrungstemperatur erforderliche Zeit ist.

Die Betriebspause, während der der Transformator spannungslos ist, ist lang genug, um die Abkühlung auf die Temperatur des Kühlmittels zu ermöglichen (siehe § 30).

AB Aussetzender Betrieb, bei dem Einschaltzeiten von höchstens 5 min mit stromlosen Pausen abwechseln, während der der Transformator spannungslos ist, und deren Dauer nicht genügt, um die Abkühlung auf die Temperatur des Kühlmittels zu ermöglichen (siehe § 31).

LB Landwirtschaftlicher Betrieb, bei dem etwa 500 h im Jahre eine tägliche Überlastung von 100 % während 12 h zulässig ist (siehe § 32).

§ 29.

Beim Dauerbetrieb DB muß die Nennleistung beliebig lange Zeit inne gehalten werden können, ohne daß die Temperatur und Erwärmung die im § 42 angegebenen Grenzen überschreiten.

§ 30.

Bei den Betriebsarten DKB und KB muß die Nennleistung die vereinbarte Zeit hindurch abgegeben werden können, ohne daß die Temperatur und Erwärmung die im § 42 angegebenen Grenzen überschreiten.

§ 31.

Bei den Betriebsarten DAB und AB muß die Nennleistung mit der angegebenen relativen Belastungsdauer beliebig lange abgegeben werden können, ohne daß die Temperatur und Erwärmung die im § 42 angegebenen Grenzen überschreiten. Relative Belastungsdauer ist das Verhältnis von Belastungsdauer zur Spieldauer. Spieldauer ist die Summe von Belastungsdauer und belastungsloser Pause.

Als normale Werte der relativen Belastungsdauer gelten: 15, 25, 40 und 50 %.

§ 32.

Bei Sondertransformatoren für landwirtschaftlichen Betrieb LB (z. B. Sonderreihe der Einheitstransformatoren) muß eine den Sonderbedingungen dieses Betriebes entsprechende 60 %-Überlast über die Nennleistung dauernd abgegeben werden können, ohne daß die Temperatur und Erwärmung die im § 42 angegebenen Grenzen überschreiten.

Die Erwärmung bei 100 %-Überlast darf die im § 42 angegebenen Grenzen um 10 °C überschreiten.

Bei diesen Sondertransformatoren wird die Nennleistung nicht durch die Erwärmung, sondern durch den Spannungsabfall bestimmt.

C. Erwärmung.

§ 33.

Erwärmung eines Transformatorenteiles ist bei Dauer- und aussetzendem Betriebe der Unterschied zwischen seiner Temperatur und der des zutretenden Kühlmittels, Luft oder Wasser, bei kurzzeitigem Betriebe der Unterschied seiner Temperaturen bei Beginn und am Ende der Prüfung.

§ 34.

Die Erwärmungsprobe wird mit Ausnahme von § 28 Betriebsart LB bei Nennbetrieb vorgenommen, u. zw.:

DB Transformatoren für Dauerbetrieb. Der Probelauf kann bei kaltem oder warmem Transformator begonnen werden; er wird so lange fortgesetzt, bis die Erwärmung nicht mehr steigt.

DKB Transformatoren für Dauerbetrieb mit kurzzeitiger Belastung. Der Probelauf wird begonnen, wenn der Transformator die Beharrungstemperatur bei Leerlauf besitzt; er wird nach Ablauf der vereinbarten Belastungszeit abgebrochen.

KB Transformatoren für kurzzeitigen Betrieb. Der Probelauf wird bei kaltem Transformator begonnen, d. h. wenn die Temperatur der Wicklung um nicht mehr als 3° höher als die Temperatur des Kühlmittels ist; er wird bei Ablauf der vereinbarten Betriebszeit abgebrochen.

DAB und AB Transformatoren für aussetzende Betriebe. Der Transformator wird einem regelmäßig aussetzenden Betriebe mit der vereinbarten relativen Belastungsdauer unterworfen. Der Probelauf kann bei kaltem oder warmem Transformator begonnen werden. Er wird so lange fortgesetzt, bis die Erwärmung nicht mehr steigt, und bei Ablauf der letzten Belastungszeit abgebrochen. Während der Probe beträgt die Spieldauer 10 min.

Die Probe für die Betriebsarten DB, AB, DAB kann als beendet angesehen werden, wenn die Erwärmung um nicht mehr als 1° in der h zunimmt und dabei mindestens 5° C unter der gewährleisteten Grenze liegt.

LB Transformatoren für landwirtschaftlichen Betrieb. Die 60%-Überlast wird wie Dauerlast behandelt; die 100%-Überlast wird bei einer Öltemperatur begonnen, die einem Dauerbetriebe mit der Nennleistung entspricht, und so lange fortgesetzt, bis die Erwärmung nicht mehr steigt, aber nicht länger als 12 h.

Der Abzug von 5° C von der zulässigen Grenzerwärmung t_{max} ergibt sich aus folgender Überlegung:

Die Erwärmung t eines wärmeaufnehmenden und wärmeabgebenden Körpers wird aus der Gleichung

$$t_{max.} = Z \frac{dt}{dz} + t$$

berechnet, worin Z die Zeitkonstante des Körpers in Stunden ist, d. h. die Zeit, nach deren Verlauf der Körper die Temperatur $t_{max.}$ des normalen Dauerbetriebes erreichen würde, wenn er keine Wärme abgeben würde. — Wenn der Dauerbetrieb in einem Zeitpunkt abgebrochen wird, in dem nach Verlauf der letzten Stunde die Erwärmung um 1° C gestiegen ist, ist maximal

$$\frac{dt}{dz} = \frac{1^0}{1\,\text{h}} = 1.$$

Die Zeitkonstante Z ist für Transformatoren ungefähr = 5 h. Dann ist der maximal mögliche Temperaturanstieg über die Temperatur T bei Abbrechen des Dauerbetriebes:

$$(t_{max.} - t) = 5^0\,\text{C}.$$

Zur Bestimmung der Enderwärmung benutzt man zweckmäßig das nachstehend beschriebene Verfahren, weil die Messung der Erwärmung gegen Ende der Probe unregelmäßigen Schwankungen infolge von Änderungen der Kühlmitteltemperatur unterliegt.

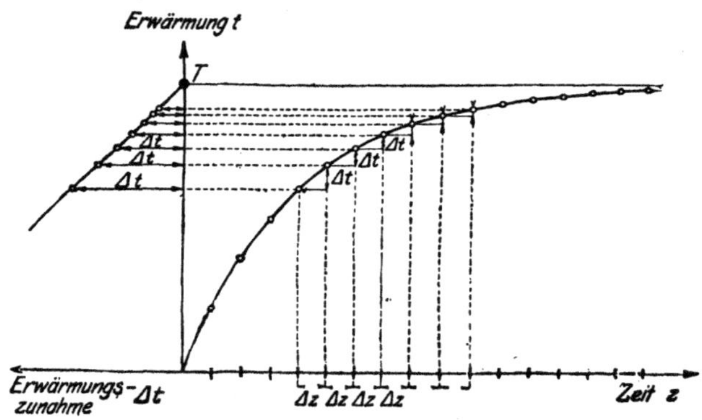

Abb. 2.

Die Erwärmung (t) wird in gleichen Zeitabständen (Δz) gemessen und die Erwärmungszunahme (Δt) in Abhängigkeit von der Erwärmung (t) aufgetragen. Die Verlängerung der Geraden durch die so entstehende Punktschar schneidet auf der Erwärmungsachse (t) die Enderwärmung (T) ab.

Die Genauigkeit dieses Verfahrens ist mindestens so groß wie die des fortgesetzten Erwärmungsversuches.

§ 35.

Als Erwärmung der Wicklung bei Trockentransformatoren gilt der höhere der beiden folgenden Werte:

I. Mittlere Erwärmung errechnet aus der Widerstandszunahme während des Probelaufes.

II. Örtliche Erwärmung an der heißesten zugänglichen Stelle gemessen mit dem Thermometer.

Bei Öltransformatoren wird die Erwärmung aus der Widerstandszunahme ermittelt.

In manchen Fällen, z. B. bei Transformatoren für sehr hohe Ströme, wird es nicht immer möglich sein, aus der Widerstandszunahme einwandfrei die Temperaturzunahme zu ermitteln, weil die Messungen der sehr kleinen Widerstände zu ungenau sind. Auch wird es nicht möglich sein, wenn dieser Transformator ein Öltransformator ist, die Erwärmung mit einem Thermometer zu ermitteln. Hier muß entweder auf die einwandfreie Bestimmung der Erwärmung der Wicklung verzichtet oder es muß vorher schon eine andere Meßmethode vereinbart werden. Es empfiehlt sich in solchen Fällen, sich auf die Messung der Öltemperatur zu beschränken.

§ 36.

Die Erwärmung des Eisenkernes ist an der heißesten zugänglichen Stelle mit dem Thermometer zu bestimmen.

Die Erwärmung des Öles ist in der obersten Ölschicht des Kastens mit dem Thermometer zu bestimmen. Zur Einführung eines Thermometers muß eine Einrichtung am Transformator vorhanden sein, deren Lochdurchmesser mindestens 12 mm beträgt.

§ 37.

Die Erwärmung t in °C von Kupferwicklungen wird aus der Widerstandszunahme nach folgenden Formeln berechnet, in denen

R_{kalt} den Widerstand der kalten Wicklung,
T_{kalt} die Temperatur der kalten Wicklung,
R_{warm} den Widerstand der warmen Wicklung

bedeutet:

1. bei allen Transformatoren (ausgenommen DKB und KB):

$$t = \frac{R_{\text{warm}} - R_{\text{kalt}}}{R_{\text{kalt}}} (235 + T_{\text{kalt}}) - (T_{\text{Kühlmittel}} - T_{\text{kalt}}),$$

2. bei Transformatoren für kurzzeitigen Betrieb unter einer Stunde (DKB und KB):

$$t = \frac{R_{\text{warm}} - R_{\text{kalt}}}{R_{\text{kalt}}} (235 + T_{\text{kalt}}),$$

wobei die Werte R_{kalt}, T_{kalt} für den Beginn der Prüfung gelten.

Es ist darauf zu achten, daß alle Teile der Wicklungen bei Messung von R_{kalt} dieselbe mit dem Thermometer zu messende Temperatur T_{kalt} besitzen.

§ 38.

Zur Temperaturmessung mittels Thermometer sollen Quecksilber- oder Alkoholthermometer verwendet werden. Zur Messung von Öl- und Oberflächentemperaturen sind auch Widerstandsspulen und Thermoelemente zulässig, doch ist im Zweifelsfalle das Quecksilber- oder Alkoholthermometer maßgebend.

Es muß für möglichst gute Wärmeübertragung von der Meßstelle auf das Thermometer gesorgt werden. Bei Messung von Oberflächentemperaturen sind Meßstelle und Thermometer gemeinsam mit einem schlechten Wärmeleiter zu bedecken.

§ 39.

Die Messungen der Widerstandszunahme sind möglichst unmittelbar nach dem Ausschalten vorzunehmen.

Die Thermometermessungen sind ebenfalls unmittelbar nach dem Ausschalten, aber wenn möglich auch während der Prüfung vorzunehmen. Wenn auf dem Thermometer nach dem Ausschalten höhere Temperaturen abgelesen werden als während der Prüfung, so sind diese höheren Werte maßgebend.

Ist bei Widerstandsmessungen vom Augenblick des Ausschaltens bis zu den Messungen so viel Zeit verstrichen, daß eine merkliche Abkühlung zu vermuten ist, so sollen die Meßergebnisse durch Extrapolation auf den Augenblick des Ausschaltens umgerechnet werden.

§ 40.

Als Temperatur des Kühlmittels gilt bei den

Transformatoren mit Selbstlüftung (TS, OS, OSA) der Durchschnittswert der während des letzten Viertels der Versuchszeit in gleichen Zeitabschnitten gemessenen Temperaturen der Umgebungsluft.

Es sind zwei oder mehr Thermometer zu verwenden, die in 1 bis 2 m Entfernung vom Transformator und ungefähr in Höhe der Transformatorenmitte angebracht sind. Die Thermometer dürfen weder Luftströmungen noch Wärmestrahlung ausgesetzt sein.

Transformatoren mit Fremdlüftung (TF, OF, OFU, OFA) der Durchschnittswert der während des letzten Viertels der Versuchszeit in gleichen Zeitabschnitten gemessenen Temperatur der zuströmenden Kühlluft.

Transformatoren mit Wasserkühlung (TW, OWI, OWA) der Durchschnittswert der während des letzten Viertels der Versuchszeit in gleichen Zeitabschnitten gemessenen Temperatur des zufließenden Kühlwassers. Findet bei solchen Transformatoren auch eine nennenswerte Wärmeabgabe an die Umgebungsluft statt, so gilt als Temperatur des Kühlmittels ein Mittelwert nach der Mischungsregel:

$$T_m = \frac{T_K W_K + T_L W_L}{W_K + W_L};$$

hierin bedeutet:

T_L die Temperatur der Umgebungsluft,
T_K die Temperatur des anderen Kühlmittels,
W_L die Wärmeabgabe an die Umgebungsluft in kW,
W_K die Wärmeabgabe an das andere Kühlmittel in kW.

Die an die Luft abgegebene Wärmemenge kann bestimmt werden, z. B. dadurch, daß man die an das Kühlwasser abgegebene Wärmemenge feststellt und von den Gesamtverlusten abzieht. Für den Fall, daß beim Versuch die Temperatur des zufließenden Wassers geringer als 25° C und die der Kühlluft geringer als 35° C war, ist dann durch Umrechnung festzustellen, ob die Erwärmung bei 25° C des zufließenden Wassers und 35° C Umgebungstemperatur den Vorschriften entspricht.

§ 41.

Große Transformatoren folgen den Temperaturschwankungen der Umgebungsluft nur langsam nach. Der dadurch bedingte etwaige Meßfehler ist durch geeignete Vorkehrungen auszugleichen, z. B. durch einen Vergleich mit einem ähnlichen, nicht angeschlossenen Transformator, der denselben Kühlungsverhältnissen ausgesetzt ist.

§ 42.

Die höchstzulässigen Grenzwerte von Temperatur und Erwärmung sind nachstehend zusammengestellt. Sie gelten unter der Voraussetzung, daß:

I. bei Luftkühlung die Kühlmitteltemperatur 35° C nicht überschreitet,
II. bei Wasserkühlung die Kühlmitteltemperatur 25° C nicht überschreitet.

Die Grenzwerte für die Temperaturen dürfen in keinem Fall überschritten werden. Die Grenzwerte für die Erwärmung dürfen nur dann überschritten werden, wenn die Kühlmitteltemperatur stets so niedrig ist, daß die Grenztemperaturen nicht erreicht werden und über die Erfüllung dieser Voraussetzung eine Vereinbarung getroffen wird.

Auf dem Schild muß in diesem Falle auch die vereinbarte Kühlmitteltemperatur angegeben werden.

Bei Öltransformatoren darf die Ölgrenztemperatur (95° C) nicht ohne weiteres als Maßstab für etwa zulässige Überlastung angesehen werden. Es ist also nicht ohne weiteres zulässig, bei niedrigerer Kühlmitteltemperatur, als maximal vorgesehen, die Belastung zu steigern, bis die Ölgrenztemperatur erreicht ist. Die Beachtung dieser Vorschrift ist notwendig, weil die Wicklungen gegenüber dem Öl Temperaturdifferenzen aufweisen, die mit der Überlastung ungefähr quadratisch steigen. Bei der Wahl oder Anordnung des Aufstellungsortes ist auf die vom Transformator abgegebene Wärmmenge Rücksicht zu nehmen.

Spalte	I	II	III	IV	V
Reihe	Transformatorenteile		Grenztemperatur	Grenzerwärmung	Meßverfahren
1	Wicklungen, isoliert durch Faserstoffe z. B. Papiere, ungebleichte Baumwolle, natürliche Seide, Holz	Ungetränkt . . .	85° C	50° C	Errechnet aus Widerstandszunahme
2		Ungetränkt, jedoch Spule getaucht .	85° C	50° C	
3		Getränkt	95° C	60° C	
4		Imprägniert oder in Füllmasse . . .	95° C	60° C	
5		In Öl	105° C	70° C	
6	Präparate aus Glimmer oder Asbest		115° C	80° C	
7	Rohglimmer, Porzellan oder andere feuerfeste Stoffe		5° mehr als Reihe 1—6		
8	Einlagige blanke Wicklungen		5° mehr als Reihe 1—6		Thermometer
9	Dauernd kurzgeschlossene Wicklungen		Wie andere Wicklungen b. Messung durch Widerstandszunahme		
10	Eisenkern	bei Trockentransformatoren . . .	95° C	60° C	
11		bei Öltransformatoren	105° C	70° C	
12	Öl in der obersten Schicht . . .		95° C	60° C	
13	Alle anderen Teile		Nur beschränkt durch benachbarte Isolierteile		

Die Grenzerwärmung, Spalte IV, gilt bei neuen Transformatoren sowohl für Luft- als auch für Wasserkühlung.

Die Grenztemperatur, Spalte III, gilt für luftgekühlte Transformatoren durchweg. Bei solchen mit Wasserkühlung (OWI OWA, TW) ist die Grenztemperatur des neuen Transformators um 10° C niedriger als in Spalte III; sie darf während des Betriebes infolge der unvermeidlichen Verunreinigungen der Kühler auf die vorgenannten Grenztemperaturen anwachsen.

Wenn das Anwachsen der Grenztemperaturen von wassergekühlten Transformatoren 5° C überschreitet, empfiehlt es sich bereits, den Kühler zu reinigen.

§ 43.

Unter einer getauchten Spule wird eine mit ungetränktem Draht gewickelte Spule verstanden, die nach der Herstellung nur in eine Isolierflüssigkeit ohne Anwendung von Druck oder Vakuum getaucht wurde.

Ein Faserstoff gilt als getränkt, wenn die Tränkmasse den Zwischenraum zwischen den Fasern ausfüllt.

Eine Faserstoff-Drahtisolierung gilt als getränkt, wenn die Tränkmasse den Zwischenraum zwischen Leiter und Isolierung und zwischen den Fasern ausfüllt.

Unter einer Spule mit Füllmasse wird eine Spule verstanden, bei der alle Luftzwischenräume durch die Masse ausgefüllt sind. Die Masse kann durch Bestreichen der einzelnen Lagen oder mittels Druck oder Vacuum eingebracht werden, so daß die Spule einen massiven Körper bildet.

§ 44.

Bei Isolierungen, die aus verschiedenen Isolierstoffen zusammengesetzt sind, gilt im allgemeinen die für den weniger wärmebeständigen Stoff zulässige Grenztemperatur. Wenn jedoch der weniger wärmebeständige Stoff nur in kleinen Mengen zum Aufbau verwendet wird und im Betriebe der Zerstörung unterliegen darf, ohne die Isolation zu beeinträchtigen, so gilt die für den wärmebeständigeren Stoff zulässige Grenztemperatur.

§ 45.

Wenn für verschiedene räumlich getrennte Teile derselben Wicklung zwei oder mehr Isolierstoffe von verschiedener Wärmebeständigkeitsklasse verwendet werden, so gilt bei Temperaturbestimmung aus der mittleren Widerstandszunahme die für den wärmebeständigeren Stoff zulässige Grenztemperatur, sofern die Thermometermessung an den weniger wärmebeständigen Stoffen keine Überschreitung der für sie zulässigen Grenztemperaturen ergibt.

D. Isolierfestigkeit.

§ 46.

Die Isolation soll folgenden Spannungsproben unterworfen werden:

I. Wicklungsprobe nach § 47,

II. Sprungwellenprobe für Wicklungen über 2,5 kV nach § 48,

III. Windungsprobe nach § 49.

Bei dauernd mit einem Außenpol geerdeten Transformatoren soll dieser Außenpol lösbar sein.

Die Prüfungen dürfen an dem kalten Transformator vorgenommen werden, falls sie sich nicht im Anschluß an eine Dauerprobe ermöglichen lassen.

Die Prüfungen sollen in der Reihenfolge I, II, III vorgenommen werden.

Die Prüfung auf Isolierfestigkeit bei Transformatoren mit abgestufter Isolation gegen Eisen ist besonders zu vereinbaren.

§ 47.

Die Wicklungsprobe (siehe § 46) dient zur Feststellung der ausreichenden Isolation von betriebsmäßig nicht leitend verbundenen Wicklungen gegeneinander und gegen Körper.

Ein Pol der Stromquelle wird an die zu prüfende Wicklung, der andere an die Gesamtheit der mit dem Eisen verbundenen anderen Wicklungen gelegt.

Die Frequenz der Prüfspannung soll im allgemeinen 50 Per/s sein. Ihre Kurvenform soll praktisch sinusförmig sein (siehe § 24).

Die Spannung soll allmählich auf die nachstehend angegebenen Werte gesteigert und alsdann 1 min innegehalten werden.

Alle Wicklungen von Transformatoren	Prüfspannung	
	kV	mindestens aber
bis 10 kV	3,25 E	2,5 kV
über 10 kV	1,75 E + 15	—

Bei Trockentransformatoren (TS, TF, TW) sind obige Werte um 15 % zu erhöhen, wenn die Probe in kaltem Zustande vorgenommen wird.

E bedeutet: bei Prüfung gegen Körper

a) bei einzelnen Wicklungen gegen Körper die Nennspannung der Wicklung,

b) bei Wicklungen von Stromtransformatoren bzw. Zusatztransformatoren mit getrennten Wicklungen die Nennspannung des Stromkreises, mit dem die Wicklung in Reihe liegt,

c) bei hintereinandergeschalteten Wicklungen die Summenspannung,

d) bei Regeltransformatoren, bei denen die Unterspannung durch Zu- und Abschalten von Oberspannungswindungen geändert wird, die Spannung, die bei Erreichung der maximalen Unterspannung an der Oberspannungswicklung auftritt,

e) bei dauernd mit einem Außenpol geerdeten Transformatoren (T, SpT, ZT, ST) die 1,1-fache Nennspannung.

Die Prüfung gilt als bestanden, wenn weder Durchschlag noch Überschlag erfolgt, keine Gleitfunken auftreten und durch Verfolgung der Stromaufnahme festgestellt wurde, daß die Prüfspannung den Isolierstoff nicht angegriffen hat.

Bei konstanter Spannung darf nicht dauernd der Strom steigen, und es sollen keine Zuckungen bemerkbar sein.

§ 48.

Die Sprungwellenprobe (siehe § 46) dient dazu, festzustellen daß die Windungsisolation gegenüber den im normalen Betriebe auftretenden Sprungwellen ausreicht. Die Prüfung soll im Fabrikprüffelde bei dem fertigen Transformator (*T* und *Sp T*) an Wicklungen für Nennspannung von 2,5 kV bis 60 kV in einer der dargestellten Schaltungen vorgenommen werden.

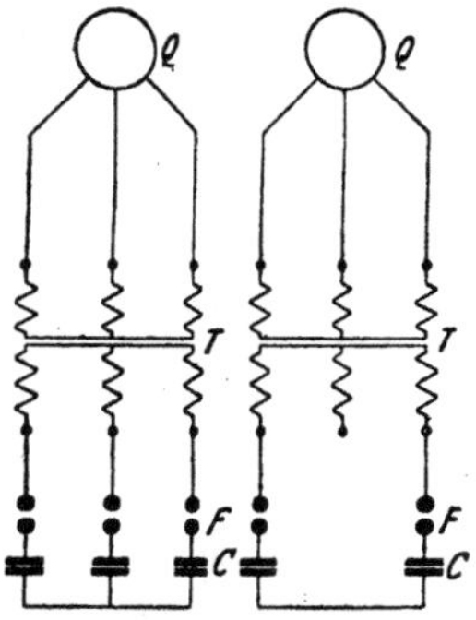

Abb. 3.

Die zu prüfende Wicklung des Transformators *T* ist über Funkenstrecken *F* aus massiven Kupferkugeln von mindestens 50 mm Durchmesser auf Kabel oder Kondensatoren

C geschaltet, deren Kapazität folgendermaßen zu bemessen ist:

Prüfkapazität.

Nennspannung in kV	Kapazität in jeder Phase mindestens μF	Zweckmäßige Form der Kapazität
2,5 bis 6	0,05	Kabel oder Kondensator
„ 15	0,02	„ „ „
„ 35	0,01	„ „ „
„ 60	0,005	Kondensator

Bei Drehstromkabeln ist die Betriebskapazität (vgl. § 5 der Definition der Eigenschaften gestreckter Leiter, „ETZ" 1909, S. 1155 und 1184. Normenbuch des VDE 1914, S. 386, in der 11. Auflage des Normenbuches nicht mit aufgenommen) gleich der angegebenen Kapazität zu wählen; das Kabel hat nach Abschaltung eines Leiters dann auch für die Einphasenschaltung die vorgeschriebene Kapazität.

Der Kugelabstand jeder Funkenstrecke wird für einen Überschlag bei 1,3 E (vgl. § 47) eingestellt. Der Transformator ist durch die Stromquelle Q mit normaler Frequenz auf etwa das 1,3-fache der Nennspannung zu erregen. Die Funkenstrecken werden auf beliebige Weise gezündet (etwa durch vorübergehende Annäherung der Kugeln oder Überbrückung des Luftzwischenraumes) und ein Funkenspiel von 10 s Dauer aufrechterhalten. Die Funkenstrecken sind dabei mit einem Luftstrom von etwa 3 m/s Geschwindigkeit anzublasen.

Durch die Funkenüberschläge werden die Kapazitäten von der Wicklungsspannung immer wieder umgeladen; bei jeder plötzlichen Umladung zieht eine Sprungwelle in die zu prüfende Wicklung ein.

Es empfiehlt sich, alle Zwischenleitungen möglichst kurz zu halten, da bei längeren Leitungen die Beanspruchung der Wicklung nicht eindeutig bestimmt ist.

Mehrphasentransformatoren können auch in der Einphasenschaltung geprüft werden; dabei sind die Phasenklemmen so oft zu vertauschen, daß die Wicklung jeder Phase der Sprungwellenprobe ausgesetzt wird.

§ 49.

Die Windungsprobe (siehe § 46) dient zur Feststellung der ausreichenden Isolation benachbarter Wicklungsgruppen gegeneinander und zum Auffinden von Wicklungsdurchschlägen, die durch die Sprungwellenprobe (siehe § 48) eingeleitet sind.

Die Prüfung erfolgt bei Leerlauf, u. zw. bei Leistungen bis 1000 kVA durch Anlegen einer Prüfspannung gleich 2 × Nennspannung, bei größeren Leistungen durch Anlegen einer Prüfspannung möglichst gleich 2 × Nennspannung, mindestens jedoch 1,3 × Nennspannung. Die Frequenz kann entsprechend erhöht werden; Prüfdauer 5 min.

Die Prüfung gilt als bestanden, wenn weder Durchschlag noch Überschlag erfolgt und keine Gleitfunken auftreten.

Bei Drosselspulen wird sich im allgemeinen die Windungsprobe nicht vornehmen lassen.

§ 50.

Vor und nach Vornahme der drei Spannungsproben wird empfohlen, die Widerstände der Wicklungen zu messen. Differenzen zwischen den beiden Widerstandsmessungen zeigen das Auftreten von Wicklungsschäden an.

§ 51.

Die Durchführungsisolatoren müssen folgende Prüfspannung aushalten:

bis 3 kV	$8\,E + 2$ kV
über 3 kV	$2\,E + 20$ kV

Die Ausführung dieser Prüfung kann aber nur entweder an den zu den Transformatoren gehörigen Isolatoren vor Zusammenbau mit dem Transformator jedoch mit zugehörigem Flansch, oder bei Verzicht auf diese Art der Prüfung an Isolatoren gleicher Type verlangt werden.

Die Prüfung gilt als bestanden, wenn weder Durchschlag noch Überschlag erfolgt und keine Gleitfunken auftreten.

E. Verluste.

Es sind folgende Verluste zu berücksichtigen:

I. Leerlaufverluste,

II. Wicklungsverluste.

§ 52.

Leerlaufverlust ist die Aufnahme bei Nenn-Primärspannung, Nennfrequenz und offener Sekundärwicklung. Er besteht aus Eisenverlust, Verlusten im Dielektrikum und dem Stromwärmeverlust des Leerlaufstromes. Bei Transformatoren mit Anzapfungen ist die der benutzten Nenn-Primärspannung entsprechende Stufe zu wählen.

Die Messung wird im allgemeinen von der Unterspannungsseite aus vorgenommen.

§ 53.

Wicklungsverlust ist die gesamte Stromwärmeleistung bei Nennstrom und Nennfrequenz, die in allen

Wicklungen und Ableitungen (also zwischen den Klemmen) in betriebswarmem Zustande verbraucht wird. Wenn der betriebswarme Zustand nicht festgestellt ist, ist auf die gewährleistete Temperatur umzurechnen.

Der Wicklungsverlust wird ermittelt, indem bei kurzgeschlossenen Sekundärwicklungen an den Transformator die Kurzschlußspannung angelegt wird. Etwaige zusätzliche Verluste durch Wirbelströme sind hierbei im Wicklungsverluste enthalten.

Wenn das Verhältnis Sekundärspannung zu Sekundärstrom sehr klein ist, z. B. bei Transformatoren für hohe Stromstärken, kann der gemessene Verlust durch den Kurzschlußbügel wesentlich vergrößert werden. In solchen Fällen ist eine entsprechende Korrektur vorzunehmen, um den wirklichen Wicklungsverlust zu ermitteln.

§ 54.

Die Verluste in Drosselspulen werden auf Grund besonderer Vereinbarungen, am besten kalorimetrisch, festgestellt.

§ 55.

Die Leistungsaufnahme des Motors von Lüftern bei Fremdlüftung und Umlaufpumpen für Wasser oder Öl ist getrennt anzugeben.

F. Spannung.

§ 56.

Die Transformatoren sollen auch bei Spannungen, die bis zu $\pm$ 5 % von der Nennspannung abweichen, die Nennleistung abgeben können. Bei um 5 % verminderter Spannung dürfen die im § 42 angegebenen Grenzwerte für Temperatur und Erwärmung um höchstens 5 °C überschritten werden.

G. Kurzschlußfestigkeit.

§ 57.

Die Transformatoren müssen einen plötzlichen Kurzschluß an den Sekundärklemmen bei Nenn-Primärspannung aushalten können, ohne daß ihre Betriebsfähigkeit beeinträchtigt wird.

Es ist hierbei angenommen, daß der Transformator einen Kurzschluß an den Sekundärklemmen vertragen muß, auch wenn die Stromquelle so groß ist, daß durch den Kurzschluß keine Verminderung der Primärspannung eintritt.

Die Prüfung auf Kurzschlußfestigkeit läßt sich im allgemeinen nicht in den Fabrikprüffeldern, sondern nur im Betriebe durchführen, da nur dort die nötigen Maschinengrößen zur Verfügung stehen.

H. Schaltart.

§ 58.

Zur Kennzeichnung der **Schaltart** von Wechselstromwicklungen sollen folgende Symbole verwendet werden:

Einphasen:
Dreiphasen-Stern:
Dreiphasen-Stern mit herausgeführtem Nullpunkt:
Dreiphasen-Dreieck:
Dreiphasen-Zickzack:
Dreiphasen offen:
Sechsphasen-Stern:
Sechsphasen-Doppeldreieck:
Sechsphasen-Sechseck:
n-phasig:

§ 59.

Die **Klemmenanordnung** von Drehstromtransformatoren soll grundsätzlich nach folgendem Schema vorgenommen werden, sofern es sich oberspannungsseitig um drei, unterspannungsseitig um vier Klemmen handelt.

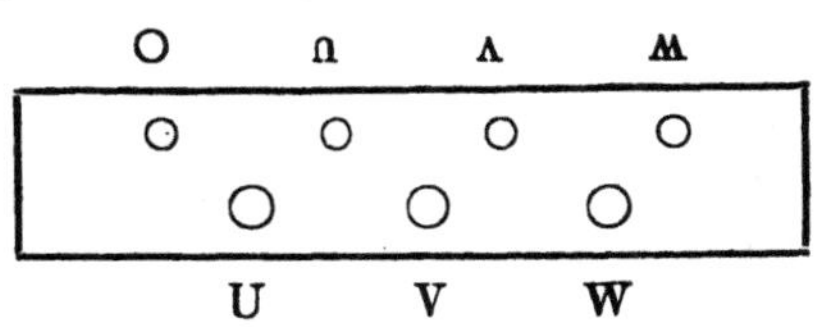

I. Parallelbetrieb.

§ 60.

Parallelbetrieb von Transformatoren bedeutet, daß sie sowohl primär als sekundär parallel geschaltet sind.

Es wird empfohlen, vom Dauer-Parallelbetriebe von Transformatoren, deren Nennleistungsverhältnis größer als 3 : 1 ist, abzusehen.

Es ist zu unterscheiden zwischen Sammelschienen- und Netzparallellauf.

Bei Sammelschienen-Parallellauf müssen die Kurzschlußspannungen den unter § 61 gegebenen Bedingungen genügen. Bei Netz-Parallellauf ist dies im allgemeinen nicht notwendig, weil durch die zwischen den einzelnen Transformatoren liegenden längeren Netzstrecken ein Ausgleich geschaffen wird.

Bei Sammelschienen-Parallellauf ist darauf zu achten, daß die gute Verteilung der Last nicht durch verschieden lange Verbindungen zwischen Transformator und Speisepunkt oder durch Überstrom- und Überspannungsschutzgeräte nicht entsprechender Impedanz gestört wird. Siehe auch die Erklärungen zu § 8.

§ 61.

Der einwandfreie Parallelbetrieb, d. h. die Verteilung der Belastungen entsprechend den Nennleistungen, gilt als erreicht, wenn die Nennkurzschlußspannungen nicht mehr als ± 10 % von ihrem Mittel abweichen, sofern nicht andere Bestimmungen vorliegen.

Außerdem ist erforderlich:

1. gleiche Nennspannung primär und sekundär,
2. gleiche Schaltgruppe (siehe § 8),
3. Verbindung gleichnamiger Klemmen (siehe § 8),
4. Gleiche Nennkurzschlußspannungen, die nicht mehr als ± 10 % von ihrem Mittel abweichen (bei Einheitstransformatoren ist eine Abweichung von den für sie festgesetzten Nennkurzschlußspannungen um + 10 und — 20 % zulässig),
5. Verhältnis der Leistungen (siehe § 60).

Wenn verschieden große Transformatoren parallel arbeiten sollen, deren Kurzschlußspannungen voneinander abweichen, ist zu empfehlen, daß der kleinere Transformator die größere Kurzschlußspannung erhält. — Siehe auch die Erklärung zu § 8.

§ 62.

Bei Transformatoren mit angezapften Wicklungen kann der einwandfreie Parallelbetrieb nicht immer auf allen Stufen verlangt werden, wenn die Spannungsabstufungen nicht genügend gleich gewählt werden können.

Dieser Fall kann eintreten, wenn die Spannungen klein sind und die Spannung je Windung bei beiden Transformatoren verschieden groß ist.

K. Schild.

§ 63.

Auf allen Transformatoren müssen Leistungsschilder befestigt sein, auf denen die nachstehend aufgezählten allgemeinen und die im § 64 zusammengestellten zusätzlichen Vermerke deutlich lesbar und in haltbarer Weise angebracht sind.

Das Leistungsschild soll so auf der Unterspannungsseite angebracht sein, daß es auch im Betriebe bequem abgelesen werden kann. Die allgemeinen Vermerke sind:

1. Fabrikant oder Ursprungszeichen (falls nicht ein besonderes Firmenschild angebracht wird),
2. Modellbezeichnung oder Listennummer,
3. Fabriknummer.

§ 64.

Die zusätzlichen Vermerke auf dem Leistungsschilde sind in der nachstehenden Tafel zusammengestellt:

Reihe	Transformator T	Spartransformator SpT	Zusatztransformator ZT	Stromtransformator ST	Drosselspule Dl
1	Nennleistung	Nennleistung	Nennleistung	Nennleistung	Nennleistung
2	Frequenz	Frequenz	Frequenz	Frequenz	Frequenz
3	Kühlungsart	Kühlungsart	Kühlungsart	Kühlungsart	Kühlungsart
4	Betriebsart	Betriebsart	Betriebsart	Betriebsart	Betriebsart
5	—	—	Netzspannung	Netzspannung	Netzspannung
6	Nenn-Primärspannung	Nenn-Primärspannung	Nenn-Primärspannung	—	Nenn-Primärspannung
7	Nenn-Sekundärspannung	Nenn-Sekundärspannung	Nenn-Sekundärspannung	Nenn-Sekundärspannung	—
8	Nenn-Primärstrom	Nenn-Primärstrom	Nenn-Primärstrom	Nenn-Primärstrom	Nenn-Primärstrom
9	Nenn-Sekundärstrom	Nenn-Sekundärstrom	Nenn-Sekundärstrom	Nenn-Sekundärstrom	—
10	Schaltgruppe	—	Schaltgruppe	—	—
11	Nenn-Kurzschlußspannung	Nenn-Kurzschlußspannung	Nenn-Kurzschlußspannung	—	—

Bei Einphasentransformatoren ist die Stromart durch Hinzufügung des Buchstabens *E* hinter der Schaltgruppe anzugeben.

Transformatoren der unter § 47 d gekennzeichneten Art müssen auf dem Schilde einen Vermerk über die höchste zwischen den Klemmen auftretende Spannung erhalten, sofern diese Spannung die Nenn-Betriebsspannung um mehr als 20 % überschreitet.

Bei allen in Sparschaltung ausgeführten Transformatoren sind die der durchgehenden Leistung entsprechenden Werte anzugeben.

§ 65.

N e n n l e i s t u n g (scheinbare Leistung): Die Nennleistung ist in kVA oder VA anzugeben.

B e t r i e b s a r t : Über die Kennzeichnung der Betriebsart vgl. § 28.

Wenn ein Transformator für mehrere verschiedene Betriebsarten bestimmt ist, so sind die diesen entsprechenden Leistungs-, Strom- usw. Angaben auf dem Schilde bzw. mehreren Schildern zu machen.

S p a n n u n g : Wenn ein Transformator mit zwei oder drei Stufen versehen ist, so sind die diesen entsprechenden Spannungen auf dem Schilde zu vermerken.

Wenn mehr als drei Stufen vorgesehen sind, so brauchen nur die der Normalstufe und den Endstufen entsprechenden Spannungen auf dem Schilde vermerkt zu werden (siehe § 20).

Wenn ein Transformator für z w e i v e r s c h i e d e n e S p a n n u n g e n u m s c h a l t b a r eingerichtet ist, so sind die den beiden Spannungen entsprechenden Leistungs-, Strom- usw. Angaben auf dem Schilde bzw. den Schildern zu machen.

§ 66.

Bei T r a n s f o r m a t o r e n m i t F r e m d l ü f t u n g ist ein Schild anzubringen, auf dem anzugeben ist:

a) erforderliche Luftmenge bei Nennbetrieb in m^3/min,
b) erforderliche Luftpressung in mm WS.

§ 67.

Bei T r a n s f o r m a t o r e n m i t W a s s e r k ü h l u n g ist ein Schild mit folgenden Angaben anzubringen:

a) erforderliche Wassermenge bei Nennbetrieb in l/min,
b) höchstzulässige Eintrittstemperatur, falls diese von 25 ° C abweicht.

§ 68.

Bei T r a n s f o r m a t o r e n m i t Ö l u m l a u f ist ein Schild mit Angabe der umlaufenden Ölmenge in l/min zur Bestimmung der Pumpenleistung anzubringen.

§ 69.

Wird die Wicklung eines Transformators von einem anderen als dem Hersteller desselben geändert (teilweise oder vollständige Umwicklung, Umschaltung oder Ersatz), so muß die ändernde Firma neben dem Ursprungsschilde ein Schild anbringen, das den Namen der Firma, die neuen Angaben des Transformators nach § 63 u. f. und die Jahreszahl der Änderung enthält.

Anhang.

Regeln für die Bewertung und Prüfung der Drehtransformatoren.

I.

§ 70.

Im allgemeinen werden die Regeln für Transformatoren angewendet, soweit sie nicht durch die nachstehenden Sonderbestimmungen ersetzt oder ergänzt sind.

§ 71. (Ergänzung zu § 3.)

Drehtransformatoren sind Transformatoren mit gegeneinander beweglichen Wicklungen (DrT). Sie werden in der Regel als Zusatztransformatoren oder als Spartransformatoren (siehe § 3) benutzt.

Drehtransformatoren sind nach Art der Asynchronmotoren gebaut. Die Größe oder die Phase der Sekundärspannung wird durch Verdrehung des Läufers geändert.

II.

Begriffserklärungen.

§ 72. (Ergänzung zu § 4 u. f.)

Ständer ist der feststehende, Läufer der drehbare Teil des Transformators.

§ 73. (Änderung von § 11.)

Übersetzung ist das Verhältnis der sekundären zur primären Windungszahl, nötigenfalls unter Berücksichtigung der Verschiedenheit der Wicklungsfaktoren.

Bei Drehtransformatoren sind die Verhältniswerte des Leerlaufstromes und der Streuung wesentlich größer als bei den übrigen Transformatoren. Infolgedessen ist die Übersetzung auch schon bei Leerlauf nicht mehr gleich dem Verhältnis von Sekundär- zu Primärspannung.

§ 74. (Änderung von § 13.)

Nennsekundärspannung ist die höchste bei Leerlauf mit primärer Nennspannung erreichbare Spannung an der Sekundärwicklung.

§ 75. (Änderung von § 15.)

Kurzschlußspannung ist die bei Verdrehung des Läufers auftretende niedrigste Spannung, die an die Primärwicklung angelegt werden muß, damit in der kurzgeschlossenen Sekundärwicklung der Nennsekundärstrom fließt.

Nennkurzschlußspannung ist die Kurzschlußspannung des Drehtransformators, wenn seine Wicklungen die gewährleistete Temperatur besitzen. Sie wird in Prozenten der Nennprimärspannung ausgedrückt.

Kurzschlußstrom ist der Primärstrom, den der Drehtransformator aufnehmen würde, wenn bei kurzgeschlossener Sekundärwicklung und bei der Läuferstellung, bei der die Kurzschlußspannung gemessen wird, die Nennspannung an die Primärwicklung angelegt wird. Er wird als Vielfaches des Nennprimärstromes ausgedrückt. Das Verhältnis Kurzschlußstrom : Nenn-Primärstrom ist gleich 100 : Nenn-Kurzschlußspannung.

Drehtransformatoren, die als Zusatztransformatoren geschaltet sind, nehmen bei einem an den Klemmen des Sekundärnetzes entstehenden totalen Kurzschluß einen Stoßstrom auf, der — bei Vernachlässigung des dämpfenden Einflusses von Zwischentransformatoren und Leitungen — gleich werden kann dem

$$\text{Kurzschlußstrom} \times 2 \left[1 + \frac{1}{\text{Übersetzung}}\right].$$

III.

Bestimmungen.

A. Allgemeines.

§ 76. (Ergänzung zu § 19.)

Die in § 19 angeführten Leistungen sind Eigenleistungen der Drehtransformatoren. Sie gelten nur als Anhaltswerte.

C. Erwärmung.

§ 77. (Änderung von § 42.)

Für luftgekühlte Drehtransformatoren gelten dieselben Werte wie für Asynchronmotoren (R. E. M. § 39).

Für ölgekühlte Drehtransformatoren gelten dieselben Werte wie für Öltransformatoren (R. E. T. § 42).

D. Isolierfestigkeit.

§ 78. (Änderung von § 47.)

Luftgekühlte Drehtransformatoren bis einschließlich 1000 V werden wie Asynchronmotoren geprüft (R. E. M. § 48).

Alle übrigen Drehtransformatoren werden nach R. E. T. (§§ 46 bis 51) geprüft.

E. Verluste.

§ 79. (Zusatz zur Anm. § 52.)

Die Messung der Leerlaufverluste wird in vielen Fällen von der Oberspannungsseite aus vorzunehmen sein.

G. Kurzschlußfestigkeit.

§ 80. (Änderung von § 57.)

Drehtransformatoren müssen, ohne betriebsunfähig zu werden, einen Stoßkurzschlußstrom aushalten können, dessen Höchstwert gleich dem nach § 75 (letzter Absatz) berechneten, höchstens aber gleich dem 50-fachen des Nennstromes ist.

Bei kleineren Werten der Übersetzung können sich im Falle eines totalen Kurzschlusses an den Klemmen des Sekundärnetzes höhere Stoßströme als das 50-fache des Nennstromes ergeben. Es ist jedoch nicht möglich, die Wicklungen der Drehtransformatoren gegen die sich bei solchen Stößen ergebenden Kräfte abzustützen. Es muß daher bei einer derartigen Sachlage ein Schutz für den Drehtransformator im Netz vorgesehen werden, falls der Spannungsabfall zwischen den Energiequellen und dem Drehtransformafor nicht schon hierfür reicht.

J. Parallelbetrieb.

§ 81. (Änderung von § 61.)

Die Abweichung der Kurzschlußspannungen vom Mittel kann größer sein, als in § 61 angegeben, darf aber 25 % nicht übersteigen.

Bei Mehrphasen-Drehtransformatoren mit einem Läuferkörper wird bei Verdrehung des Läufers auch die Phase des Spannungsvektors verdreht. Hierauf ist bei Parallelschalten und Parallelbetrieb zu achten. In mehrfach verketteten Netzen oder in neuen Stationen, in denen mehrere Drehtransformatoren parallel laufen müssen, empfiehlt sich die Verwendung von Doppel-Drehtransformatoren, die nur die Größe, nicht aber die Phase der Spannung verändern

K. Schild.

§ 82. (Änderung von § 64.)

Es sind anzugeben: Gattung (DrT), Nenneigenleistung, Nennfrequenz, Kühlungsart, Betriebsart, Netzspannung, Nennprimärspannung. Nennsekundärspannung, Primärstrom, Sekundärstrom Nennkurzschlußspannung.

Es sind (im Gegensatz zu den übrigen Transformatoren) nich die der durchgeleiteten Leistung, sondern die der Eigenleistung entsprechenden Werte zu stempeln.

Die bei Belastung sich ergebende Sekundärspannung ist um einen von den Spannungsabfällen abhängigen Betrag von der Nenn-Sekundärspannung verschieden.

Die Berechnung des Spannungsabfalles ist für Drehtransformatoren, die **nicht** in Zusatzschaltung arbeiten, dieselbe wie in den Erklärungen zu § 16 angegeben.

Für Drehtransformatoren in Zusatzschaltung gilt angenähert folgende Formel:

$$e_\varphi = \frac{e'_\varphi}{a} + 100 - \sqrt{10^4 - \frac{e''^2_\varphi}{a^2}}, \text{ wo } a = \frac{1}{ü} \pm 1 \text{ ist.}$$

Hierin ist *ü* Übersetzung, e'_φ und e''_φ haben die in § 16 angegebene Bedeutung (prozentuale Werte, bezogen auf die Eigenleistung); das + oder — Zeichen wird gewählt, je nachdem, ob sich der Läufer in der Stellung der äußersten Spannungserhöhung oder -erniedrigung befindet.

Batch number: 10682427

Printed by Printforce, the Netherlands